面向21世纪国家示范性高职院校实训规划系列

机械CAD/CAM
实训指导书

主　编　杨延波
副主编　吴勤保　王　颖
参　编　王　婷

西安交通大学出版社
XI'AN JIAOTONG UNIVERSITY PRESS

内容简介

本书以任务驱动教学的基本思路编写,以目前广泛使用的 Pro/Engineer Wildfire 5.0 版本为介绍对象。全书内容涵盖 Pro/Engineer 软件系统的基本操作、三维实体绘制、装配图、工程图和数控加工等。本书通过任务驱动教学方法将 Pro/Engineer 软件常用的基本指令和绘图思路贯穿在一起,突出了实用性和可操作性,并且每个任务后都附有强化练习题。书中任务的示范性强,读者按照各个任务中的绘图思路和步骤进行操作,即可绘制出相应的图形。本书提供 4 个具体的教学任务,需要读者查阅相关的教材资料才能完成。

本书可作为高职高专院校、成人教育、应用型本科院校的机械、数控、模具、CAD、机电一体化、材料、工业设计等专业的教学用书,也可作为计算机辅助设计与制造及从事 CAD/CAM 技术研究应用的工程技术人员的参考用书。

图书在版编目(CIP)数据

机械 CAD/CAM 实训指导书/杨延波主编. —西安:西安交通大学出版社,2014.6(2017.7 重印)
ISBN 978-7-5605-6272-8

Ⅰ. ①机… Ⅱ. ①杨… Ⅲ. ①机械设计-计算机辅助设计-高等职业教育-教学参考资料②机械制造-计算机辅助制造-高等职业教育-教学参考资料Ⅳ. ①TH122②TH164

中国版本图书馆 CIP 数据核字(2014)第 113215 号

书　　名	机械 CAD/CAM 实训指导书
主　　编	杨延波
责任编辑	雷萧屹
出版发行	西安交通大学出版社
	(西安市兴庆南路 10 号　邮政编码 710049)
网　　址	http://www.xjtupress.com
电　　话	(029)82668357　82667874(发行中心)
	(029)82668315(总编办)
传　　真	(029)82668280
印　　刷	虎彩印艺股份有限公司
开　　本	787mm×1092mm　1/16　印张 4.5　字数 101 千字
版次印次	2014 年 12 月第 1 版　2017 年 7 月第 3 次印刷
书　　号	ISBN 978-7-5605-6272-8
定　　价	9.90 元

读者购书、书店添货,如发现印装质量问题,请与本社发行中心联系、调换。
订购热线:(029)82665248　(029)82665249
投稿热线:(029)82669097　QQ:8377981
读者信箱:lg_book@163.com

版权所有　侵权必究

前言

本实训指导书以 Pro/Engineer Wildfire 软件为背景,采用任务驱动的方式进行编写。读者按照实训任务中的要求和步骤进行操作,即可绘制出相应的图形和三维实体。利于学生实际动手能力的培养,对学生分析问题、解决问题的能力以及自学能力得到训练。

本实训指导书由陕西工业职业技术学院杨延波任主编,吴勤保、王颖任副主编,王婷参加编写。其中,吴勤保编写实训一、王颖编写实训二、王婷编写实训三、杨延波编写实训四。全书由杨延波统稿,在编写和统稿期间吴勤保和王颖老师提出了很多改进意见和建议,在此表示衷心的感谢和敬意。本实训指导书也参考和引用了参考文献中的资料,在此也对这些作者表示诚挚的感谢。

本实训指导书虽经反复修改和校对,但因编者水平有限,难免有不足和疏漏之处,敬请广大读者朋友批评指正。

编　者

2013 年 10 月于咸阳

目 录 Contents

实训一　Pro/E 基础知识实训 …………………………………………（1）

实训二　Pro/E 装配设计实训 …………………………………………（13）

实训三　Pro/E 工程图设计实训 ………………………………………（25）

实训四　Pro/E 数控加工编程实训 ……………………………………（35）

参考文献 …………………………………………………………………（65）

实训一　Pro/E 基础知识实训

指导老师_____　班　级_____　学生姓名_____　学　号_____

一、实训目的

(1)熟悉 Pro/E 软件的安装过程和 Pro/E 软件的用户界面。
(2)掌握 Pro/E 软件的启动和退出和 Pro/E 软件的基本操作。

二、预习要求

预习"机械 CAD/CAM"课程[①]和"机械制图"[②]课程中的有关内容。

《CAD/CAM 应用软件—Pro/Engineer》：　　　《机械制图项目教程》：
(1)拉伸命令　　(5)切除命令　　　　　(1)三视图的绘制
(2)旋转命令　　(6)螺旋扫描命令　　　(2)零件图的绘制
(3)扫描命令　　(7)阵列命令
(4)混合命令　　(8)文件保存

三、实训仪器

(1)Pro/Engineer wildfire 软件。
(2)微型电子计算机每人 1 台。
该设备外部硬件由显示器、键盘、鼠标、主机箱四部分组成,如图 1-1 所示。

图 1-1　微型电子计算机

---

① 作者所在院校使用教材:吴勤保,南欢. CAD/CAM 应用软件—Pro/Engineer. 北京:清华大学出版社, 2009.
② 作者所在院校使用教材:高红英,赵明威. 机械制图项目教程.北京:高等教育出版社,2012.

四、实验原理

(1)拉伸命令。是一个 2D 截面沿着截面的发展方向运动所形成的几何特征。可以形成实体、曲面、均匀壁厚的实体,如图 1-2 所示。

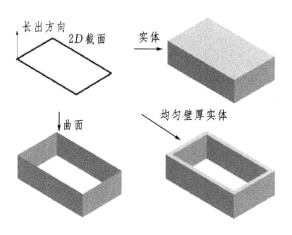

图 1-2 拉伸命令

(2)旋转命令。是一个 2D 截面绕着一根轴线旋转所形成的几何特征。可以形成实体、曲面、均匀壁厚的实体,如图 1-3 所示。

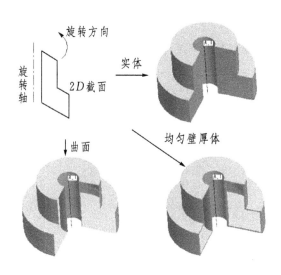

图 1-3 旋转命令

(3)扫描命令。是一个 2D 截面沿着一条轨迹运动所形成的几何特征。可以形成实体、曲面和均匀壁厚的实体,如图 1-4 所示。

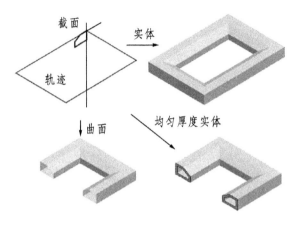

图 1-4　扫描命令

(4)混合命令。将多个 2D 截面按照一定规律连接起来形成的几何特征。可以是实体、曲面和均匀壁厚的实体,如图 1-5 所示。

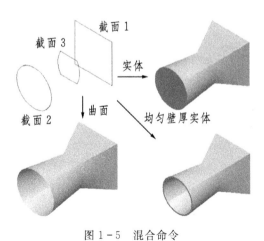

图 1-5　混合命令

（5）螺旋扫描。是一个2D截面按照螺旋线规律扫描形成的几何特征,可以是实体、曲面和均匀壁厚的实体,如图1-6所示。

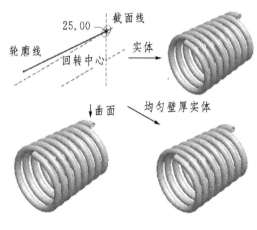

图1-6　螺旋扫描

（6）阵列命令。以给定的方式对选定的特征进行规律排列。根据排列规律的不同可以分为方向阵列、轴阵列、填充阵列、尺寸阵列等,如图1-7所示。

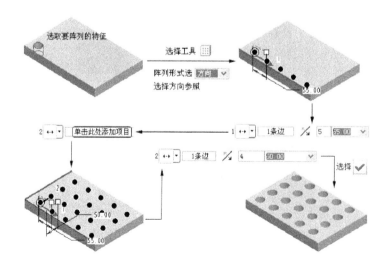

图1-7　阵列命令

五、实训内容

（1）安装 Pro/Engineer 软件，并记录安装过程中的主要步骤。
（2）熟悉 Pro/Engineer 软件的用户界面，并填写用户界面各部分的名称。
（3）根据零件图绘制三维实体。

项目	任务
子任务 1	绘制垫圈的三维实体
子任务 2	绘制圆环的三维实体
子任务 3	绘制螺钉的三维实体
子任务 4	绘制护口板零件的三维实体

（4）强化练习。

六、实验步骤

实训任务 1：安装 Pro/Engineer 软件

步骤如下：

（1）放入光盘直接运行，进入 Pro/Engineer 安装界面（或双击光盘中的 Autorun.exe 图标）；
（2）单击"安装 Pro/e wildfire"；
（3）记住 PTC 主机 ID：(你所使用的计算机 ID 号,6 组数字和字母的组合,该组合为十六进制代码)；
（4）单击"许可证文件",将弹出窗口中的"license.dat"文件复制到"C 盘"下。右击该文件,在快捷菜单中选择打开方式→记事本命令；
（5）在记事本程序窗口中,单击编辑菜单→替换命令；
（6）在替换窗口中"查找内容"处输入"YOUR_HOST_ID",在 "替换为"处输入你所使用的计算机 ID 号(第(3)步记下的号),单击"全部替换"；
（7）替换完毕后,单击文件菜单→保存命令,关闭记事本；
（8）在安装界面中单击"下一步"按钮；
（9）在许可证协议窗口中选择"接受许可证协议的条款和条件",单击"下一步"；
（10）在安装界面中单击"Pro/Engineer"按钮；
（11）进入安装路径选择界面,可按默认路径安装。如果希望在其他目录下,单击旁边的"打开"图标,在出现的对话框中选择你要安装的路径,单击"下一步"；
（12）在许可证服务器窗口中单击"添加"图标；
（13）在对话框中选择第三项"锁定的许可证文件",再单击"打开"图标；

(14)在对话框中选择驱动器"C盘"目录下的"license.dat"文件,再单击"打开"图标→确定→下一步;

(15)在对话框中"快捷方式位置"处选择"□桌面、□开始菜单、□程序文件夹"三个选项,单击下一步;

(16)在对话框中单击"安装"按钮;

(17)在安装程序复制文件过程中,系统使用进度条显示安装进行的百分比,并提示安装复制的文件和目录;

(18)安装完成后,单击"下一步"按钮;

(19)单击"破解补丁"按钮,把弹出窗口中的"Proe_wf3_mxxx_wf..."文件复制到"C盘"目录下,并双击运行,破解成功后会弹出窗口,单击"确定"按钮;

(20)在安装主界面中单击"退出"按钮;

(21)在弹出窗口中单击"是"按钮;

(22)在桌面上双击Pro/Engineer软件快捷图标即可运行软件。

实训任务2:熟悉Pro/Engineer软件的用户界面,如图1-8所示

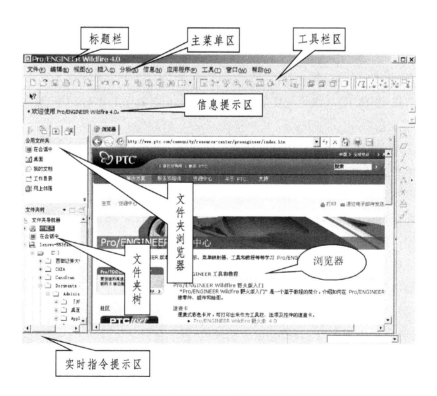

图1-8 Pro/Engineer软件的用户界面

实训任务 3：根据零件图绘制三维实体

子任务 1：绘制垫圈的三维实体，如图 1-9 所示。

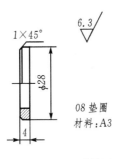

图 1-9 垫圈零件图

(1) 打开 Pro/Engineer 软件，进入实体模块（建议：使用拼音为三维实体取名）。
(2) 使用拉伸或旋转命令绘制圆柱体。
(3) 使用孔、拉伸或旋转命令绘制中心孔。
(4) 使用倒角或旋转命令绘制倒角特征。
(5) 保存文件。

子任务 2：绘制圆环的三维实体，如图 1-10 所示。

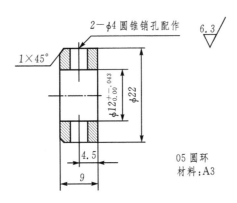

图 1-10 圆环零件图

(1) 打开 Pro/Engineer 软件，进入实体模块。
(2) 使用拉伸或旋转命令绘制圆柱体。
(3) 使用孔、拉伸或旋转命令绘制中心孔。
(4) 使用倒角或旋转命令绘制倒角特征。
(5) 使用孔或旋转命令绘制销孔特征。
(6) 保存文件。

子任务 3：绘制螺钉的三维实体，如图 1-11 所示。

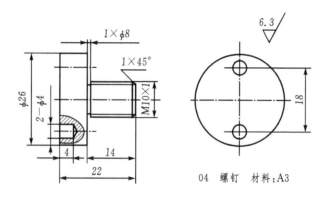

图 1-11 螺钉零件图

(1) 打开 Pro/Engineer 软件，进入实体模块。
(2) 使用拉伸或旋转命令绘制圆柱体。
(3) 使用拉伸或旋转命令（切除）绘制退刀槽。
(4) 使用倒角或旋转命令绘制倒角特征。
(5) 使用螺旋扫描命令绘制螺纹特征。
(6) 使用孔或旋转命令绘制孔特征。
(7) 保存文件。

子任务 4：绘制护口板零件的三维实体，如图 1-12 所示。

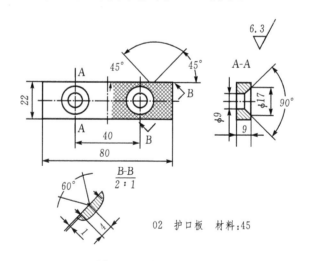

图 1-12 护口板零件图

(1) 打开 Pro/Engineer 软件，进入实体模块。
(2) 使用拉伸命令绘制长方体。
(3) 使用旋转（切除）命令绘制孔。

(4)使用基准平面和拉伸(切除)命令绘制槽特征。
(5)使用复制和阵列命令绘制所有的槽特征。
(6)保存文件。

实训任务 4:强化练习

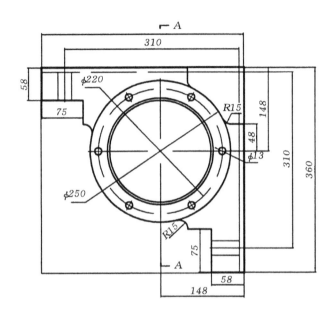
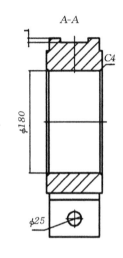
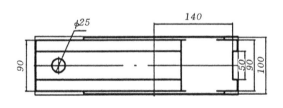
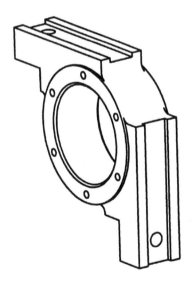

图 1-13 强化练习题 I

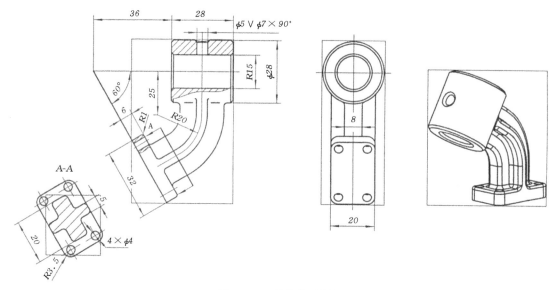

图 1-14 强化练习题 Ⅱ

七、注意事项

拉伸特征：创建拉伸体时，实体特征的截面要求必须封闭，曲面和均匀壁厚的实体特征截面一般要求闭合，不能存在闭合轮廓和开口轮廓的混合截面。拉伸特征的深度尺寸可以手工输入、拉伸到指定对象、拉伸到下一个面、对称拉伸、穿透拉伸、双向拉伸等给定方式。

(1) 旋转特征。旋转特征必须存在旋转轴，旋转轴可以是截面的内部轴，也可以选择外部轴线。旋转截面必须在旋转轴的单侧，不能存在混合截面和自相交截面。

(2) 扫描特征。扫描的轨迹可以是封闭的也可以是开口的，可以是二维的，也可以是三维的。当截面是封闭的时候，系统提示【增加内部因素】和【无内部因素】选项菜单。如果选择【增加内部因素】选项，截面必须是开口的，如果选择【无内部因素】，创建实体扫描特征时，截面必须封闭，创建曲面和均匀壁厚的扫描实体特征时可以开口也可以封闭。如果扫描特征是作为第一个以后的特征，且轨迹开口时，系统出现【自由端点】和【合并端点】选项菜单。

(3) 混成特征。混成特征的各个截面节点个数必须相等，截面起点一般要求对齐，方向一致。点可以作为混合截面，但一个混合特征只能有一个点截面，且必须是最后一个截面。

(4) 螺旋扫描。螺旋扫描的轮廓线必须连续，不能与中心线相交且轮廓线上任意一点的切线不能垂直于中心线。截面沿轴向的最大尺寸不能大于节距。

实训思考题一

指导老师_____ 班　级_____ 学生姓名_____ 学　号_____

   1.在Pro/E软件中鼠标如何操作？

   2.如何设置工作目录？有何优点？

   3.在Pro/E软件中，保存文件与其他软件中保存文件有何不同？

   4.今天你学到了什么？有何建议和想法？

实训二　Pro/E 装配设计实训

指导老师_____　班　级_____　学生姓名_____　学　号_____

一、实训目的

(1)了解装配的基本步骤,熟悉装配模块的各个图标按钮及相关命令的使用。
(2)熟练掌握 Pro/Engineer 软件的装配方法及约束条件。
(3)掌握 Pro/Engineer 软件的装配体的编辑操作。
(4)掌握 Pro/Engineer 软件的装配爆炸图的生成及编辑。

二、预习要求

预习"机械 CAD/CAM"、"机械制图"和"机械设计原理"[①]课程中的有关内容。

《CAD/CAM 应用软件—Pro/Engineer》：
(1)装配文件的建立
(2)装配约束条件
(3)装配中的逻辑关系
(4)Pro/E 装配造型方式
(5)装配元件的重复使用
(6)文件保存

《机械制图项目教程》：
(1)三视图的绘制
(2)零件图的绘制
(3)装配图的绘制

《机械原理与机械零件》：
(1)自由度的概念
(2)约束的概念

三、实训仪器

(1)Pro/Engineer wildfire 软件。
(2)微型电子计算机　每人1台。
该设备外部硬件由显示器、键盘、鼠标、主机箱四部分组成,如图 2-1 所示。

图 2-1　微型电子计算机

[①] 作者所在院校使用教材:张景学.机械原理与机械零件.北京:机械工业出版社,2010.

四、实验原理

1. 装配基本概念

产品数字化装配是在产品数字化定义的基础上利用计算机模拟装配的过程,主要用在产品研制过程中进行静态/动态界面设计和干涉检查、工艺性检查、可拆卸性检查和可维护性检查等。

零件的装配过程,实际上就是一个约束定位的过程,根据不同的零件模型及设计需要,选择合适的装配约束类型,从而完成零件的定位。一般要实现一个零件的完全定位,可能需要同时满足几种约束条件。

2. 装配约束条件

Pro/E 系统提供了 11 种约束条件,包括匹配、对齐、插入、坐标系、相切、线上的点、曲面上的点、曲面上的边、自动、固定、缺省。应该掌握各种约束的功能及使用,如表 2-1 所示。

表 2-1 装配约束条件及功能

约束条件	功能说明
自动	系统自动根据所选取的参照和它们的方向来选取合适的约束
配对	定位两个相同类型的参照,使其彼此面对。它有"偏移"、"定向"和"重合"等三种偏移方式(在"放置"选项卡中)可配合设置。在旧版中,它叫"匹配"
对齐	定位两个平面在同一平面上(重合且方向相同),两条轴线同轴或两个点重合。它也有和"配对"相似的三种偏移方式
插入	将一个旋转曲面插入另一个旋转曲面内,且两面的轴线同轴
坐标系	两个参照坐标系对齐,其相应轴线互相重合(即 X 轴对应 X 轴、Y 轴对应 Y 轴、Z 轴对应 Z 轴),即将组件坐标系与元件坐标系加以对齐
相切	定位两个不同类型的参照,使其彼此面对,而接触点为切线
直线上的点	将点置于直线上。它将用来控制参照边、轴线,或基准曲线与参照点的接触
曲面上的点	将点置于曲面上。即用来控制参照曲面与参照点的接触
曲面上的边	将边置于曲面上。即用来控制参照曲面与参照边的接触
固定	固定被移动或通过封装之组件的当前位置
缺省	将组件坐标系与默认的元件坐标加以对齐

五、实训内容

(1)熟悉 Pro/Engineer 装配模块界面中各个图标按钮及有关命令的使用。
(2)建立装配文件,熟悉装配设计的基本流程。
(3)对实训一中所设计三维实体进行装配。
(4)强化练习。

六、实验步骤

实训任务 1:熟悉 Pro/Engineer 装配模块界面中各个图标按钮及有关命令的使用

参考表 2-1 装配约束条件及功能。

实训任务 2:建立装配文件,熟悉装配设计的基本流程

参考"机械 CAD/CAM"课程所用教材的项目六实例:装配连杆和组件。

实训任务 3:对实训一中所设计三维实体进行装配

步骤如下:

1. 设置工作目录

(1)打开"我的电脑",找寻实训一中零件三维实体保存的文件夹位置。例如:cp6-3。
(2)在 Pro/E 中,选择主菜单【文件】→【设置工作目录】命令,在设置工作目录对话框中,将目录设置为文件夹 cp6-3,单击【确定】按钮。

2. 新建零件装配文件(装配子部件)

单击【新建】图标,在弹出的新建对话框中选择文件类型为【组件】,输入文件名 huqian1.asm。

3. 调入零件进行装配

(1)调入子部件装配基础零件(螺杆)。

单击【装配】图标,在弹出的打开对话框中选择文件名称(luogan.prt)并打开,在元件放置操控面板中用【缺省】方式作为装配的约束条件,再单击【确认】按钮,完成螺杆零件的装配。

(2)装配垫片 1。

①单击【装配】图标,在弹出的打开对话框中选择文件名称(dianpian.prt)并打开。
②在元件放置操控面板中单击【放置】选项,在弹出的下拉面板中选择装配约束类型为【对齐】,选择螺杆 A_2 轴作为组件项目;再选垫片 A_1 轴作为元件项目,如图 2-2(a)所示。
③在放置下拉面板中单击【新建约束】命令,选择约束类型为【匹配】,选择螺杆的下表面作为组件项目;再选择垫片的下表面作为元件项目,如图 2-2(a)所示。
④单击按钮,完成垫片的装配,如图 2-2(b)所示。

⑤单击工具栏的【保存】图标,再单击对话框中的【确定】按钮,完成子部件的装配。

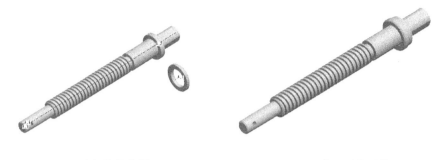

(a)选择参照　　　　　　(b) 装配后的零件

图 2-2

4. 新建总装配体装配文件

(1)单击【新建】图标,在弹出的新建对话框中选择文件类型为【组件】,输入文件名 huqian.asm。

(2)调入总装配体基础零件(虎钳基座)。

单击【装配】图标,在弹出的打开对话框中选择文件名称(jizuo.prt)并打开,在元件放置操控面板中用【缺省】方式作为装配的约束条件,再单击【确认】按钮,完成虎钳基座零件的装配。

(3)装配钳口板。

①单击【装配】图标,在弹出的打开对话框中选择文件名称(qiankouban.prt)并打开。

②在元件放置操控面板中单击【放置】选项,在下拉面板中选择装配约束类型为【对齐】,选择虎钳基座的 A_19 轴作为组件项目;再选钳口板的 A_1 轴作为元件项目,如图 2-3(a)所示。

③在放置下拉面板中单击【新建约束】命令,选择约束类型为【对齐】,选择虎钳基座的 A_20 轴作为组件项目;再选钳口板的 A_2 轴作为元件项目,如图 2-3(a)所示。

④在放置下拉面板中单击【新建约束】命令,选择约束类型为【匹配】,选虎钳基座的侧表面作为组件项目;再选择钳口板的下表面作为元件项目。

⑤单击按钮,完成钳口板的装配,结果如图 2-3(b)所示。

(4)装配螺钉 1。

①单击【装配】图标,在弹出的打开对话框中选择文件名称(luoding.prt)并打开。

②在元件放置操控面板中单击【放置】选项,在下拉面板中选择装配约束类型为【对齐】,选择钳口板的 A_1 轴作为组件项目;再选螺钉 1 的 A_1 轴作为元件项目,如图 2-4(a)所示。

③在放置下拉面板中单击【新建约束】命令,选择约束类型为【匹配】,选钳口板孔弧面作为组件项目;再选择螺钉 1 头部弧面作为元件项目,如图 2-4(a)所示。

④单击按钮,完成钳口板上螺钉的装配。

用同样的方法装配另一侧的螺钉,结果如图 2-4(b)所示。

(5)装配螺母块。

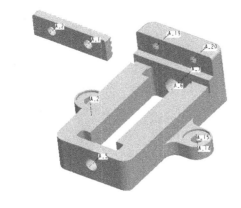 

(a) 选择参照　　　　　　　　　(b) 装配后的零件

图 2-3

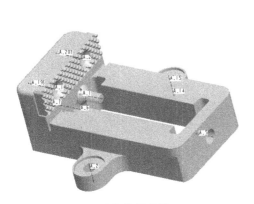 

(a) 选择参照　　　　　　　　　(b) 装配后的零件

图 2-4

①单击【装配】图标，在弹出的打开对话框中选择文件名(luomukuai.prt)并打开。

②在元件放置操控面板中单击【放置】选项,选择装配约束类型为【对齐】,选择虎钳基座的 A_5 轴作为组件项目;再选螺母块的 A_2 轴作为元件项目,如图 2-5(a)所示。

③在放置下拉面板中单击【新建约束】命令,选择约束类型为【对齐】,偏移方式为【定向】。选择虎钳基座的上表面作为组件项目;再选螺母块的上表面作为元件项目,如图 2-5(a)所示。

④在放置下拉面板中单击【新建约束】命令,选择约束类型为【对齐】,偏移方式为【偏距】,偏距值为-50。选虎钳基座的左侧面作为组件项目;再选择螺母块的左侧面作为元件项目。

⑤单击 按钮,完成螺母块的装配,结果如图 2-5(b)所示。

(6)调入装配子部件。

①单击【装配】图标，在弹出的打开对话框中选择已经保存的子部件 huqian1.prt 并打开。

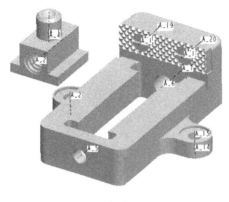 

(a) 选择参照　　　　　　　　　　(b) 装配后的零件

图 2-5

②在元件放置操控面板中单击【放置】选项,在下拉面板中选择装配约束类型为【对齐】,选择虎钳基座前侧孔的 A_6 轴作为组件项目;再选螺杆的 A_3 轴作为元件项目,如图 2-6(a)所示。

③在放置下拉面板中单击【新建约束】命令,选择约束类型为【匹配】,选择虎钳基座的凸台面作为组件项目;再选择子部件垫片的下表面作为元件项目,如图 2-6(a)所示。

④单击 ✓ 按钮,完成子部件与总装体的装配,结果如图 2-6(b)所示。

(a) 选择参照　　　　　　　　　　(b) 装配后的零件

图 2-6

(7)装配活动钳身。

①单击【装配】图标 ,在弹出的打开对话框中选择文件名(huodongqianshen.prt)并打开。

②在元件放置操控面板中单击【放置】选项,在下拉面板中选择装配约束类型为【对齐】,选择螺母块的 A_1 轴作为组件项目;再选活动钳身的 A_1 轴作为元件项目,如图 2-7(a)所示。

③在放置下拉面板中单击【新建约束】命令,选择约束类型为【匹配】,选择虎钳基座的上表面作为组件项目;再选活动钳身的下表面作为元件项目,如图 2-7(a)所示。

④在放置下拉面板中单击【新建约束】命令,选择约束类型为【匹配】,偏移方式为【定向】。选虎钳基座的侧面作为组件项目;再选择活动钳身的左侧面作为元件项目,如图2-7(a)所示。

⑤单击✓按钮,完成活动钳身的装配,结果如图2-7(b)所示。

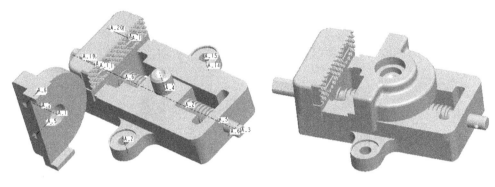

(a) 选择参照　　　　　　　　　　(b) 装配后的零件

图 2-7

(8)装配活动钳身上的钳口板和螺钉(与第(3)、(4)步方法相同,操作步骤略)。

(9)装配大螺钉。

①单击【装配】图标,在弹出的打开对话框中选择文件名(daluoding.prt)并打开。

②在元件放置操控面板中单击【放置】选项,在弹出的下拉面板中选择装配约束类型为【对齐】,选择活动钳身的 A_2 轴作为组件项目;再选螺钉2的 A_2 轴作为元件项目,如图2-8(a)所示。

③在放置下拉面板中单击【新建约束】命令,选择约束类型为【匹配】,选择活动钳身的凸台面作为组件项目;再选螺钉2头部的下表面作为元件项目,如图2-8(a)所示。

④单击✓按钮,完成大螺钉的装配,结果如图2-8(b)所示。

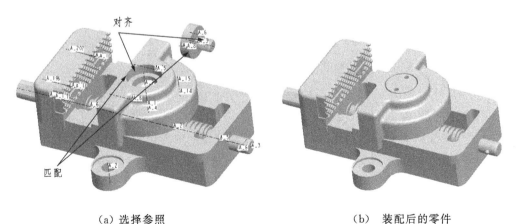

(a) 选择参照　　　　　　　　　　(b) 装配后的零件

图 2-8

(10)装配垫片2。

①单击【装配】图标,在弹出的打开对话框中选择文件名(dianpian2.prt)并打开。

②在元件放置操控面板中单击【放置】选项,在弹出的下拉面板中选择装配约束类型为【对齐】,选择螺杆A_3轴作为组件项目;再选垫片的A_1轴作为元件项目,如图2-9(a)所示。

③在放置下拉面板中单击【新建约束】命令,选择约束类型为【匹配】,选虎钳基座的右侧面作为组件项目;再选垫片的侧面作为元件项目,如图2-9(a)所示。

④单击 按钮,完成垫片的装配,结果如图2-9(b)所示。

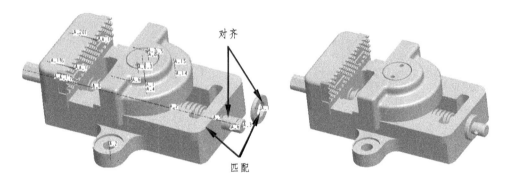

(a)选择参照　　　　　　　　　(b) 装配后的零件

图2-9

(11)装配环。

①单击【装配】图标,在弹出的打开对话框中选择文件名(huan.prt)并打开。

②在元件放置操控面板中单击【放置】选项,在下拉面板中选择装配约束类型为【对齐】,选择螺杆的A_3轴作为组件项目;再选环的A_1轴作为元件项目,如图2-10(a)所示。

③在放置下拉面板中单击【新建约束】命令,选择约束类型为【对齐】,选择螺杆上孔的A_6轴作为组件项目;再选环上孔的A_3轴作为元件项目,如图2-10(a)所示。

④在放置下拉面板中单击【新建约束】命令,选择约束类型为【匹配】,选垫片2的侧面作为组件项目;再选择环的侧面作为元件项目,如图2-10(a)所示。

⑤单击 按钮,完成环的装配,结果如图2-10(b)所示。

(12)装配销。

①单击【装配】图标,在弹出的打开对话框中选择文件名(xiao.prt)并打开。

②在元件放置操控面板中单击【放置】选项,在下拉面板中选择装配约束类型为【对齐】,选择环上孔的A_3轴作为组件项目;再选销的A_1轴作为元件项目,如图2-11(a)所示。

③在放置下拉面板中单击【新建约束】命令,选择约束类型为【对齐】,偏移方式为【偏距】,偏距值为-10。选螺杆中间的RIGHT面作为组件项目;再选择销的右端面FRONT面作为元件项目,如图2-11(a)所示。

④单击 按钮,完成销的装配,结果如图2-11(b)所示。

至此,虎钳装配完成,共计11个零件。

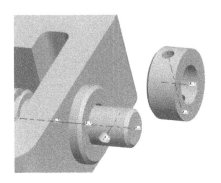
(a) 选择参照

(b) 装配后的零件

图 2-10

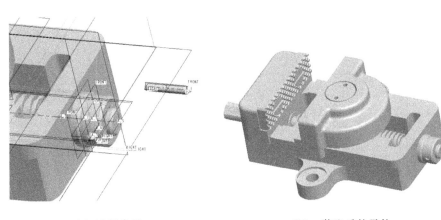

(a) 选择参照　　　　　　　　　(b) 装配后的零件

图 2-11

(13)单击工具栏的【保存】图标，再单击对话框中的【确定】按钮进行保存。

实训任务 4：强化练习

(1)参考"机械 CAD/CAM"课程所用教材的项目六练习题：装配千斤顶。
(2)练习齿轮泵的三维实体组装。

七、注意事项

(1)每次调用第一个零部件必须进行固定，可使用缺省或固定命令进行操作。第一个零件一定要通过约束条件去固定，不然系统给出的状态为没有约束，而且在装配特征树该零件前面会出现矩形框。

(2)匹配和对齐命令的区别。
(3)缺省和固定命令的区别。
(4)对齐和插入命令的区别。

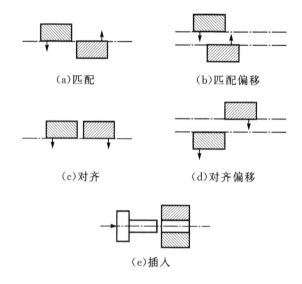

图 2-12 匹配、对齐、插入命令的图示说明

八、实训思考

(1)在 Pro/Engineer 软件组件模块下,11 种约束的操作过程?
(2)自下向上和自上向下的设计流程与区别?

实训思考题二

指导老师_____ 班　级_____ 学生姓名_____ 学　号_____

1. 在 Pro/E 软件组件模块下，11 种约束的操作过程？

2. 自下向上和自上向下的设计流程与区别？

3. 今天你学到了什么？有何建议和想法？

实训三　Pro/E 工程图设计实训

指导老师_____　班　级_____　学生姓名_____　学　号_____

一、实训目的

(1) 了解机械工程图基本知识、Pro/Engineer 软件的工程图模块及视图的类型。
(2) 掌握一般视图、投影图、详细视图、剖视图等的生成方法。
(3) 掌握尺寸标注、形位公差、表面粗糙度的标注方法。
(4) 了解移动视图、修改视图、删除视图及恢复视图的方法。

二、预习要求

预习"机械 CAD/CAM"课程和"机械制图"课程中的有关内容。

《CAD/CAM 应用软件—Pro/Engineer》：
(1) 工程图基本操作
(2) 标准格式图框
(3) 主俯左视图基本生成
(4) 剖视图、局部放大视图生成
(5) 图形位置调整
(6) 比例修改

《机械制图项目教程》：
(1) 零件表达方案的选择
(2) 零件表达方法的选择
(3) 零件图中尺寸的合理标注
(4) 零件图上的技术要求

三、实训仪器

(1) 三维设计软件 Pro/Engineer 软件。
(2) 微型电子计算机 每人 1 台。

该设备外部硬件由显示器、键盘、鼠标、主机箱四部分组成，如图 3-1 所示。

图 3-1　微型电子计算机

四、实验原理

1. 工程图的基本概念

完成 3D 零件或组件后,可利用零件或组件来产生各种 2D 工程图。工程图与零件或组件之间相互关联,任何其中之一有更改,另一个亦自动更改。

2. 2D 工程图主要的类型

(1)投影视图

(2)辅助视图

(3)立体图

(4)局部详图

(5)旋转截面视图

3. 投影、辅助视图及立体图又有下列四种类型,各个类型皆可制作为截面或非截面视图

(1)全视图

(2)半视图

(3)断裂视图

(4)局部详图

(5)部分视图

五、实训内容

(1)熟悉 Pro/Engineer 软件工程图绘制的基本流程和方法。

(2)强化练习。

六、实验步骤

实训任务 1:Pro/Engineer 软件工程图绘制的基本流程和方法

步骤如下:

(1)创建如图 3-2 所示的零件,包含三个特征。特征 1:拉伸特征;特征 2:创建 0.5×0.5 的边倒角;特征 3:创建直径为 φ1 的直孔特征。

(2)单击新建图标 ,弹出如图 3-3 所示的新建对话框,选择绘图选项,出现新制图对话框。

(3)产生三视图及立体图。选择画面右上角位置,零件的立体图出现,如图 3-4 所示。

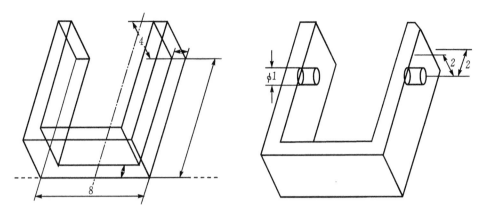

图 3-2 基础实体

图 3-3 新建对话框

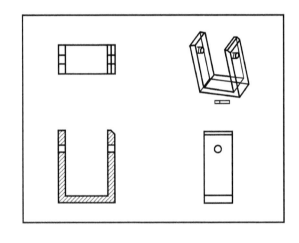

图 3-4 创建三视图及立体图

(4)修改视图的比例大小。点选工作区左下角的比例,输入新的比例值大小,每一个工程图皆有变化。

(5)修改视图的位置。按锁定视图移动的图标,移动各个视图到适当的位置。

(6)修改立体图的显示选项。鼠标左键双击立体图出现绘图视图对话框,如图 3-5 所示。在左边选择视图显示选项进行设置。

(7)标注尺寸。在工具栏选择图标,系统弹出显示/拭除对话框,如图 3-6 所示。按尺寸的图标,点选视图上的圆孔后,圆孔尺寸显示出来,点选所有视图使尺寸显示。

(8)修改尺寸标注的位置。点选尺寸值,再以鼠标移动尺寸数字到所要的位置,按鼠标左键确认。

图3-5 绘图视图对话框

图3-6 显示/拭除对话框

(9)创建全剖视图。鼠标双击左上角视图,弹出绘图视图对话框,在类别中选择剖面,2D截面创建剖截面名称为A,选择左下角视图水平中间的TOP面为剖截面。点击确定按钮,生成全剖视图,如图3-7所示。

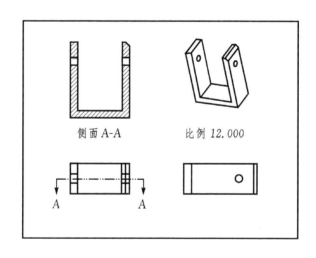

图3-7 创建全剖视图

(10)创建局部截面视图。用鼠标右键快速点选全截面视图,选择剖面选项,把剖切区域中的完全改为局部,选取视图中的某一点以作为截面断点的中心点。绘制样条线后以鼠标滚轮结束样条的绘制。鼠标双击剖面线,系统弹出修改剖面线菜单,修改剖面线的间距为一半,点击完成,如图3-8所示。

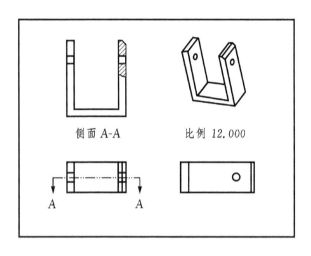

图 3-8 创建局剖视图

(11)创建辅助视图。插入绘图视图中的辅助,选择倒角的斜边,产生辅助视图,移动至图中适当的位置。

(12)创建局部视图。选择视图的倒角斜边附近的位置为放大图的中心点,绘制样条曲线后,以鼠标滚轮结束样条的绘制,选取工作区中的左上方位置以作为局部详细视图的放置位置,如图 3-9 所示。

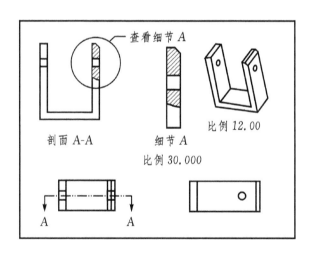

图 3-9 创建局部视图

实训任务 2:强化练习

根据以下练习题创建工程图,要求视图正确,尺寸准确。

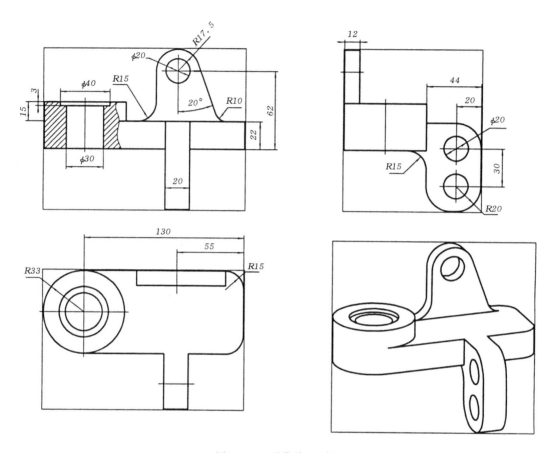

图 3-10 强化练习题 Ⅰ

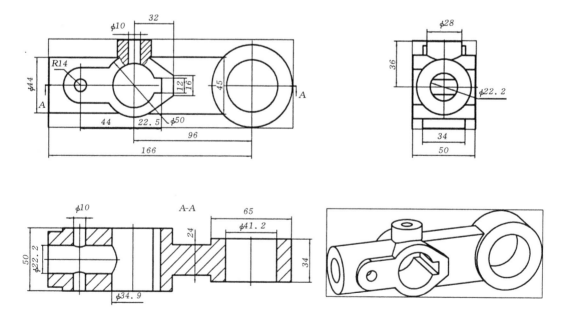

图 3-11 强化练习题 Ⅱ

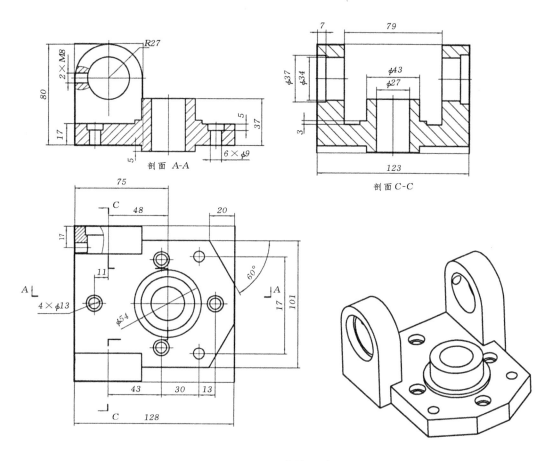

图 3-12 强化练习题Ⅲ

七、注意事项

(1)零件图中标注尺寸时,注意参数的设置。
(2)填写标题栏时,各个项目的填写位置。

八、实训思考

(1)Pro/E 工程图有哪些视图类型?
(2)如何设定图幅?如何调入图框、标题栏?如何填写标题栏?

实训思考题三

指导老师_____ 班　级_____ 学生姓名_____ 学　号_____

1. Pro/E 工程图有哪些视图类型？

2. 如何设定图幅？如何调入图框、标题栏？如何填写标题栏？

3. 今天你学到了什么？有何建议和想法？

实训四 Pro/E 数控加工编程实训

指导老师_____ 班 级_____ 学生姓名_____ 学 号_____

一、实训目的

(1)熟悉数控铣削和数控车削的基本流程。
(2)掌握数控加工中常用加工策略的基本使用。

二、预习要求

预习"机械 CAD/CAM"课程和"数控机床及应用"[①]课程中的有关内容,以上课程所使用教材为《CAD/CAM 应用软件—Pro/Engineer》和《数控编程与加工技术》。

《CAD/CAM 应用软件—Pro/Engineer》: 　《数控编程与加工技术》:
(1)体积块加工　(5)表面加工　(1)数控车削
(2)腔槽加工　　(6)刻模加工　(2)数控铣削
(3)轮廓加工　　(7)数控仿真
(4)孔加工　　　(8)文件保存

三、实训仪器

(1)Pro/Engineer wildfire 软件。
(2)微型电子计算机每人 1 台。
该设备外部硬件由显示器、键盘、鼠标、主机箱四部分组成,如图 4-1 所示。

图 4-1 微型电子计算机

---
① 作者所在院校使用教材:张丽华 马立克.数控编程与加工技术.大连:大连理工大学出版社,2013.

四、实验原理

(1)铣床加工特点及常用加工方法介绍。

数控铣床主要用于可以加工各种平面、沟槽、螺旋槽、成型表面、各种平面曲线等复杂型面,适合用于各种模具、凸轮、板类及箱体类零件的加工。数控铣床还有孔加工功能,通过特定的功能指令可以进行钻孔、扩孔、铰孔、镗孔和攻丝等。

体积块——2.5轴逐层切面铣削从指定的体积块去除材料,主要用于粗加工。

局部铣削——用于去除"体积块铣"、"轮廓铣"、"腔槽加工",或另一个局部铣削NC序列之后剩下的材料(通常用较小的刀具)。也可用于清除指定拐角的材料。

曲面铣削——3到5轴水平或倾斜曲面的铣削。有数种定义切削的方法可供选择。主要用于零件的精加工。

刀侧铣削——5轴连续水平或倾斜曲面的铣削,用刀具侧面进行切削。

端面——2.5轴对工件进行表面加工。

轮廓——3到5轴加工曲面轮廓。

腔槽加工——2.5轴水平、垂直或倾斜曲面铣削。腔槽壁的铣削方法类似于"轮廓铣削",腔槽底部的铣削类似于"体积块"铣削中的底面铣削。

轨迹——3到5轴铣削,刀具沿指定轨迹移动。

孔加工——钻孔、镗孔、攻丝、埋头孔等的加工。

螺纹——3轴螺旋铣削。

雕刻——3到5轴铣削,刀具沿"凹槽"修饰特征或曲线移动。

切入——2.5轴深型腔粗铣削,使用平底刀具连续重叠切入材料。

粗加工和重新粗加工(Re-roughing)——用于去除"铣削窗口"边界内所有材料的高速铣削序列。重新粗加工NC序列仅加工上一"粗加工"或"重新粗加工"序列无法到达的区域。

精加工——用于在"粗加工"和"重新粗加工"后加工参照零件的细节部分。

拐角精加工——3轴铣削,自动加工先前的球头铣刀不能到达的拐角或凹处。

(2)车床加工特点及常用加工方法介绍。

车削主要用于加工回转体零件的内外圆柱面、圆锥面、球面等。此外,利用车削还可以加工圆柱体零件的端面,以及车削螺纹。在进行车削加工时,一般要事先根据零件图和技术要求制定合理的加工工艺,然后根据工艺方案进行数控编程和加工。合理的加工工艺方案可以提高加工零件的质量和精度,生成效率。

只有在"车床"或"铣削/车削"机床中时,才能使用"车削"类型的NC序列。可以使用下列类型的NC序列:

区域——定义模型剖面中想去除材料的区域。扫描该区域生成刀具路径,并按步进深度增量去除材料。用于粗切削车削。

4轴区域——(仅出现在"4轴"机床中。)如前述的常规"区域"车削一样定义NC序列。系统将自动为两个同步刀头生成刀具路径。

轮廓——通过草绘或者使用曲面或基准曲线交互式地定义切削运动。

凹槽——使用两侧都有刃口的刀具,以步进式运动车削狭窄的凹槽。

螺纹——在车床上切削螺纹。

孔加工——钻孔、镗孔等。

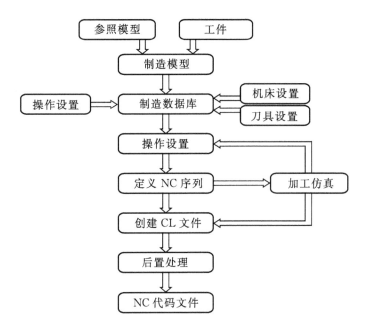

图4-2 Pro/NC模块加工流程图

五、实训内容

(1)数控铣削加工程序的编制。
(2)数控车削加工程序的编制。
(3)强化练习。

六、实验步骤

实训任务1:数控铣削加工程序的编制

参考"机械CAD/CAM"课程所用教材项目九:体积块粗加工和腔槽加工。

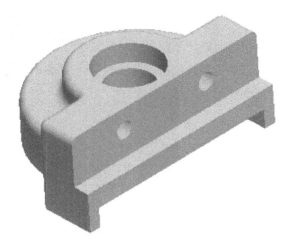

图 4-3 活动钳身

(1)打开 Pro/Engineer 软件,进入制造模块。

(2)调入参照模型。

(3)创建工件(创建后调入或直接创建)。

(4)制造设置(加工机床、加工坐标系、退刀平面)。

(5)加工策略(加工方法选择)。

(6)加工刀具设置、加工工艺参数设置。

(7)选择加工区域。

(8)数控加工轨迹仿真。

(9)后置处理及 NC 程序的生成。

实训任务 2:数控车削加工程序的编制

如图 4-4 所示零件,采用毛坯棒料加工,由于毛坯余量较大,在进行外圆精车前应采用粗车指令去除大部分毛坯余量,粗车后留 0.3mm 的余量(单边)。刀具及切削用量的选择见表 4-1。完成零件加工程序。

步骤如下:

(1)确定装夹方式。要完成该零件,需要二次装夹才能完成全部加工。应首先利用卡盘装夹毛坯,加工出左侧相应尺寸,二次装夹时以 φ60 外圆,端面定位。然后加工工件的右半部分各尺寸。

(2)图样分析。该零件结构简单,对尺寸精度和表面质量要求不高,所以操作时没有太多注意事项。

(3)工序及切削用量。

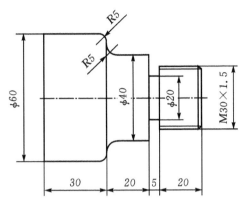

图 4-4 车削工件

表 4-1 工序及切削用量

序号	工序	刀具	主轴转速 $S/(r/min)$	进给速度 $f/(mm/min)$
1	外圆粗车	粗车车刀	800	200
2	外圆精车	精车车刀	1000	100
3	切槽	切槽刀	315	100
4	车螺纹	螺纹车刀	600	1.5(mm/r)

(4)操作过程。

步骤 1 新建一个制造文件出 NC_Tathe.mfg。

按照上一节的要求完成如图 4-5 所示的制造模型。

步骤 2 进行制造设置。

打开操作设置对话框→单击【操作设置】对话框中 按钮进行机床设置,系统弹出【机床设置】对话框→在【机床类型】下拉框中选择【车床】选项,在【转塔数】下拉框中选择【1个塔台】选项→定义工件坐标系:在绘图区或模型树窗口中选择系统坐标系 NC_ASM_DEF_SYS→定义退刀平面:在【退刀设置】对话框的【类型】分组框中选取【平面】选项,在【值】中输入 3,最后单击【确定】按钮。

39

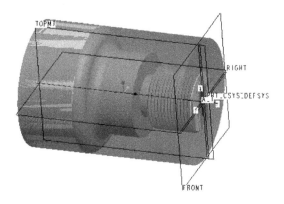

图 4-5 制造模型

步骤 3　粗加工 NC 序列设置

(1)加工设置过程如图 4-6。

(2)刀具设置过程如图 4-7。

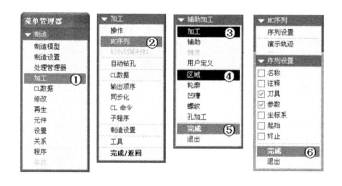

图 4-6　加工设置过程

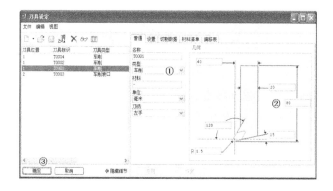

图 4-7　刀具设置过程

(3)参数设置过程如图4-8。

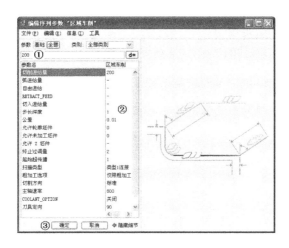

图4-8 参数设置过程

(4)在参数设置完成后。系统弹出定制对话框,并如图4-9完成车削轮廓设置。

图4-9 车削轮廓设置

注意:在弹出的【车削加工轮廓】菜单后会发现这时所有的操作都无效。其实原因很简单,首先系统提示让我们选取或创建车削轮廓,由于在前面事先没有创建,此时就无法选择。在原来的3.0版本中此处的对话框和现在的不同,请读者在使用时注意。

"车削轮廓"操控板包含以下元素:

　　_ 沿参照模型包络定义车削轮廓。

　　_ 通过在参照模型上指定"自"和"至"曲面来定义车削轮廓。

　　_ 沿基准曲线段或另一车削轮廓段来定义车削轮廓。

▦_ 草绘车削轮廓。

▥_ 通过在参照模型上指定"自"和"至"顶点来定义车削轮廓包络选项组,只有在沿参照模型包络定义车削轮廓时才可用。

▨_ 生成参照模型包络以定义车削轮廓。

▧_ 通过指定现有参照模型包络定义车削轮廓。

▩_ 创建参照模型包络。

▤_ 创建原料包络。

↕_ 将车削轮廓从中心线上反向至中心线下,反之亦然。

⚹_ 将材料切除侧从车削轮廓的一侧反向至另一侧。或者,选取车削轮廓并右键单击,然后在快捷菜单中单击"刀具位置"(Tool Location)。

(5)草绘如图 4-10 所示的曲线,单击 ✔ 按钮,同时调整起点与终点位置并设置材料切减方向,如图 4-11 所示,同时系统弹出延拓方向对话框,如图 4-12 所示,如图 4-13 所示。

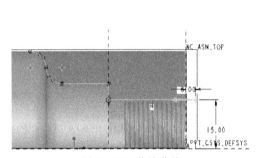

图 4-10 草绘曲线

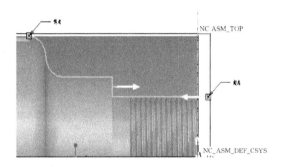

图 4-11 设置材料切减方向

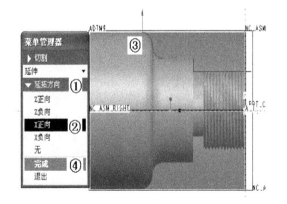

图 4-12 延拓方向对话框

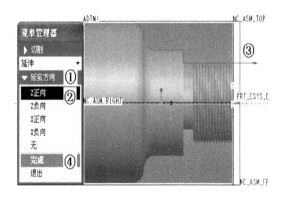

图 4-13 延拓方向对话框

(6)完成区域 NC 序列设置过程如图 4-14

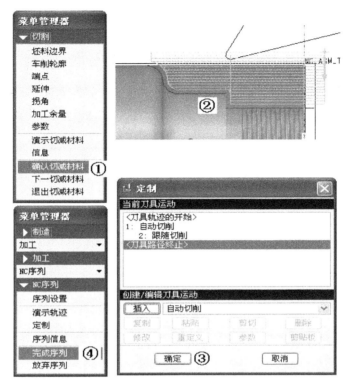

图 4-14 完成定制设置过程

步骤 4 精加工 NC 序列设置
(1)加工设置过程如图 4-15。

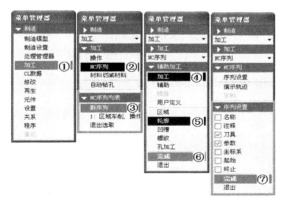

图 4-15 加工设置过程

(2)刀具设置过程如图4-16。

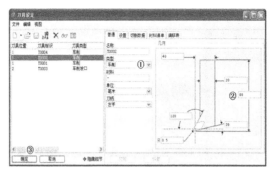

图4-16　刀具设置过程

(3)参数设置过程如图4-17。

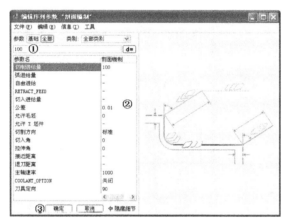

图4-17　参数设置过程

(4)在参数设置完成后,系统弹出定制对话框,并如图4-18完成车削轮廓设置。

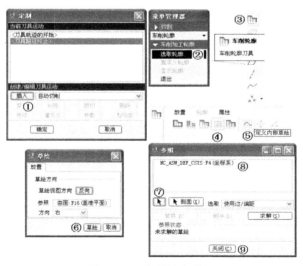

图4-18　车削轮廓设置

(5)草绘如图 4-19 所示的曲线,单击 ✓ 按钮,同时调整起点与终点位置并设置材料切减方向,如图 4-20 所示。

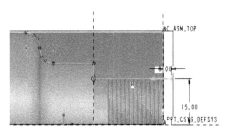 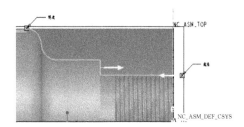

图 4-19　草绘曲线　　　　　　　　图 4-20　设置材料切减方向

(6)完成区域 NC 序列设置过程如图 4-21。

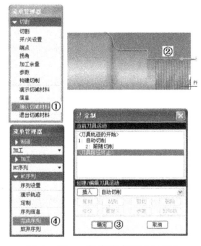

图 4-21　完成定制设置过程

步骤 5　切槽 NC 序列设置:
(1)加工设置过程如图 4-22。

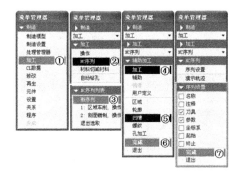

图 4-22　加工设置过程

(2)刀具设置过程如图 4-23。

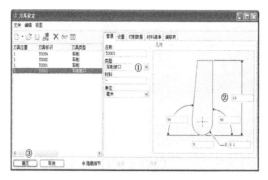

图 4-23　刀具设置过程

(3)参数设置过程如图 4-24。

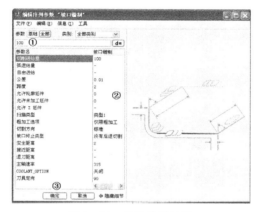

图 4-24　参数设置过程

(4)在参数设置完成后,系统弹出定制对话框,并如图 4-25 完成车削轮廓设置。

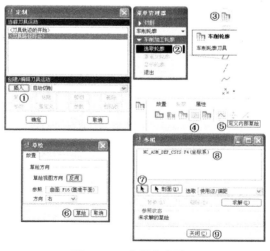

图 4-25　车削轮廓设置

(5)草绘曲线,单击☑按钮,同时调整起点与终点位置并设置材料切减方向,如图4-26所示,同时系统弹出延拓方向对话框,如图4-27、图4-28所示。

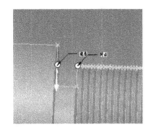  

图4-26 草绘曲线　　　　图4-27 延拓方向对话框　　　　图4-28 延拓方向对话框

(6)完成切槽加工NC序列如图4-29。

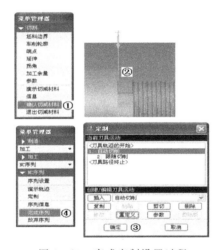

图4-29 完成定制设置过程

步骤6 螺纹NC序列设置。
(1)加工设置过程如图4-30。

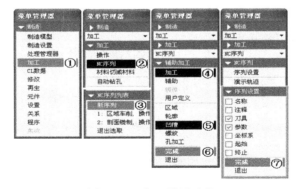

图4-30 加工设置过程

(2)刀具设置过程如图 4-31。

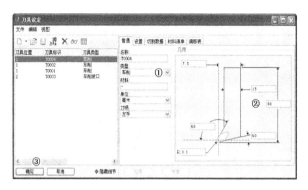

图 4-31　刀具设置过程

(3)参数设置过程如图 4-32。

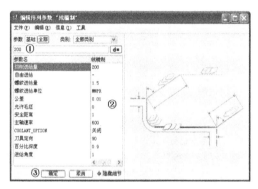

图 4-32　参数设置过程

(4)在参数设置完成后系统没有弹出定制对话框。此处的设置过程与前面 3 个 NC 序列不同,具体设置过程如图 4-33 所示。

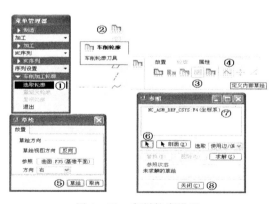

图 4-33　车削轮廓设置

(5)草绘如图 4-34 所示的曲线,单击  按钮,同时调整起点与终点位置并设置材料切减方向,如图 4-35 所示。

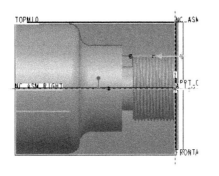
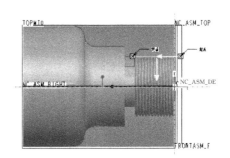

图 4-34　草绘曲线　　　　　　　图 4-35　延拓方向对话框

(6)完成车削轮廓设置后,演示轨迹如图 4-36 所示。

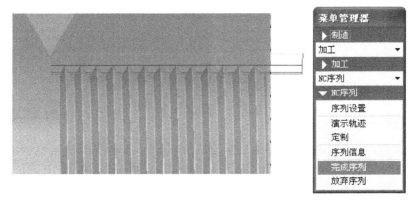

图 4-36　演示结果

注意:由于车削轮廓不是在定制过程中完成,所以在完成车削轮廓后直接完成序列设置。

实训任务 3:强化练习,如图 4-37 所示

图 4-37　螺杆的车削练习

七、注意事项

(1)工件坐标系也称为编程坐标系,其原点就是加工零点,产生的刀具路径都是相对于加工零点进行计算的。退刀平面定义了刀具一次切削后所退回的位置,退刀平面一般为垂直于Z轴的平面,高度一般距工件最高处 3~5mm。

(2)后置处理时各个选项的意思:

CL 文件:输出刀具轨迹文件,即 CL 文件;

MCD 文件:输出加工控制数据文件,即 NC 代码文件;

交互:交互式文件;

批处理:批处理文件,允许在后台执行刀具轨迹计算。

八、实训思考

(1)加工模型和设计模型有何不同?

(2)加工模型创建后,通常包含几种类型的文件,扩展名各是什么?

实训思考题四

指导老师_____ 班　级_____ 学生姓名_____ 学　号_____

1. 加工模型和设计模型有何不同？

2. 加工模型创建后，通常包含几种类型的文件，扩展名各是什么？

3. 今天你学到了什么？有何建议和想法？

实训报告要求

1. 写出安装 Pro/E 软件的基本步骤。
2. 填写 Pro/E 软件用户界面各部分的名称。
3. 绘制不少于 10 个零件的三维实体及其三维装配图。
4. 绘制不少于两张的三维实体零件图(要求:零件图从装配图中选择,每张零件图所标注的尺寸不少于 10 个,并有尺寸和形位公差标注)。
5. 生成不少于两个零件的 NC 程序(建议:数控铣削和数控车削各做一个)。

实训报告

指导老师_____ 班　级_____ 学生姓名_____ 学　号_____

实训地点	
实训操作步骤	三维实体的绘制步骤： （提示：仿照课本中的实例进行书写。若本页写不下，可自行续页。）

工程图的绘制步骤:

NC 程序的生成步骤：

所选实例的来源及出处	所选的装配图出处:
完成任务过程中所遇到的问题及解决方法	

实训总结	
学生承诺	我保证:以上报告内容和图纸的绘制是自己完成,没有从网络中下载或复制他人成果。若有证据表明我完成的报告和绘制的图纸违反以上承诺,愿承担一切责任。 学生签名: 完成日期:
教师评语与成绩评定	
	总评成绩		指导教师签名	

另附:实位装配图_____幅。实体零件图_____幅。二维工程图_____幅。

参考文献

[1] 吴勤保,南欢.CAD/CAM 应用软件—Pro/ENGINEER 实例教程.北京:清华大学出版社,2009.

[2] 徐家忠,吴勤保.CAD/CAM 应用软件—Pro/Engineer 实例精选北京邮电大学出版社,2010.

[3] 吴勤保.CAXA 电子图板 2011 项目化教学实用教程.西安:西安电子科技大学出版社,2011.

[4] 高红英,赵明威.机械制图项目教程.北京:高等教育出版社,2012.

[5] 吴勤保,南欢.Pro/ENGINEER Wildfire5.0 项目化教学任务教程.北京:清华大学出版社,2013.

[6] 吴勤保,南欢.Pro/ENGINEER Wildfire5.0 项目化教学上机指导书.北京:清华大学出版社,2013.

[7] 张景学.机械原理与机械零件.北京:机械工业出版社,2010.